Bibliografische Information der Deutschen Nationalbibliothek:

Die Deutsche Bibliothek verzeichnet diese Publikation in der Deutschen National-
bibliografie; detaillierte bibliografische Daten sind im Internet über http://dnb.d-
nb.de/ abrufbar.

Impressum:

Copyright © 2008 GRIN Verlag
Druck und Bindung: Books on Demand GmbH, Norderstedt Germany
ISBN: 9783668668829

Dieses Buch bei GRIN:

https://www.grin.com/document/120441

Martina Francksen

Ökologisch orientierte Kundendienstleistungen als Erfolgsmodell. Das MSC-Zertifikat als Qualitätssicherung für den Konsumenten und als ökologische Richtlinie für nachhaltige Fischerei

GRIN Verlag

Name: Martina Francksen

Studiengang: Betriebswirtschaftslehre (B.A.)

Semester: 4

Fach: Ökologie & Wirtschaft

Abgabe: 23.04.2008

Ökologisch orientierte Kundendienstleistungen als Erfolgsmodell

Das MSC-Zertifikat als Qualitätssicherung für den Konsumenten und als ökologische Richtlinie für nachhaltige Fischerei

Inhaltsverzeichnis

I. Einleitung

Seit einigen Jahren erfährt unsere deutsche Gesellschaft einen drastischen Wandel in der Ernährungswirtschaft. Unter anderem führten zahlreiche Seuchen, wie zum Beispiel die Vogelgrippe, BSE sowie die Schweinepest, Gammelfleisch-Skandale oder aber die Überfischung zahlreicher Fischarten dazu, dass sich die Konsumenten in ihren Ernährungsgewohnheiten deutlich umstellten.[1]

Nicht nur die Angst, an qualitativ minderwertigen Lebensmitteln zu erkranken, sondern auch die Tatsache, dass viele Verbraucher mittlerweile immer umweltbewusster leben, stellte diesen Wandel ein.[2]

Die folgende Abbildung belegt, dass immer mehr Menschen, ob männlich oder weiblich, auf eine gesunde und bewusste Ernährung achten. 141 von 200 Befragten verschiedener Altersklassen gaben an, sich gesund zu ernähren. Wie man im folgenden Diagramm erkennen kann, macht auch das Geschlecht keinen großen Unterschied mehr im Bezug „Gesunde Ernährung": 80 der 100 befragten Frauen legen Wert auf eine gesunde Ernährung. Unter den 100 männlichen Befragten befinden sich lediglich 39, denen eine gesunde Ernährung unwichtig erscheint.

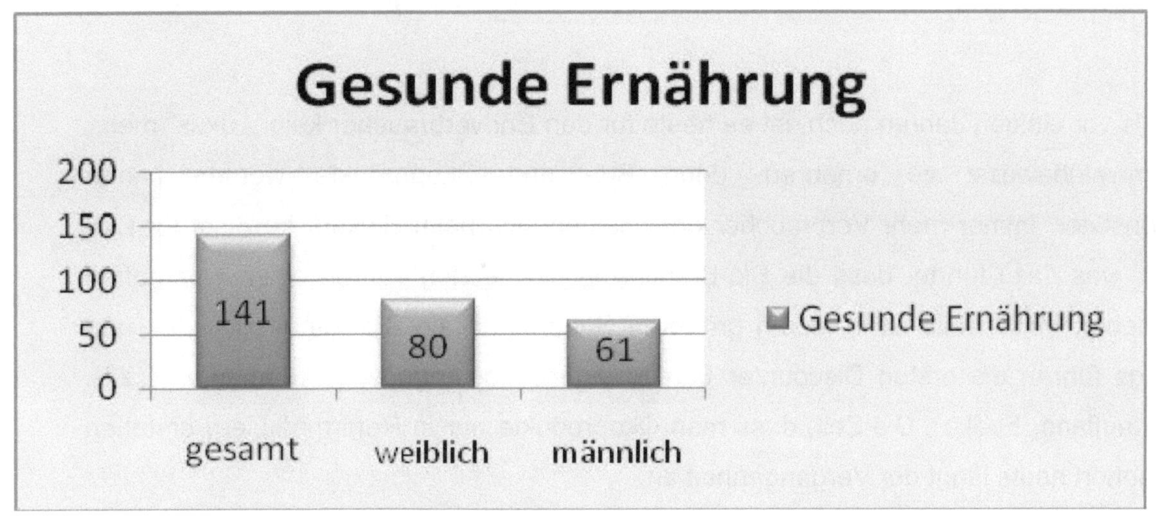

Abb. 1: Gesunde Ernährung[2]

So entscheiden sich beispielsweise viele Konsumenten bewusst dazu, Eier, die von Hühnern in Käfighaltung stammen, zu meiden. Anstatt dessen werden die etwas teureren Eier aus Freilandhaltung bzw. Bodenhaltung, die sog. Bio-Eier, bevorzugt.

---

[1] Vgl. Quelle: http://www.tagesspiegel.de/wirtschaft/Wirtschaft-Interview-Thomas-Dosch;art115,1876494; Letzter Besuch: 20.04.2008

[2] Quelle: Umfrage; Informationen hierzu im Anhang

In Abbildung 2 kann man eindeutig erkennen, dass von 200 Befragten 115 (57,5%) die umweltbewusste Ernährung als sehr wichtig empfinden und auch bei ihren Einkäufen umweltschonendere Alternativen bevorzugen.

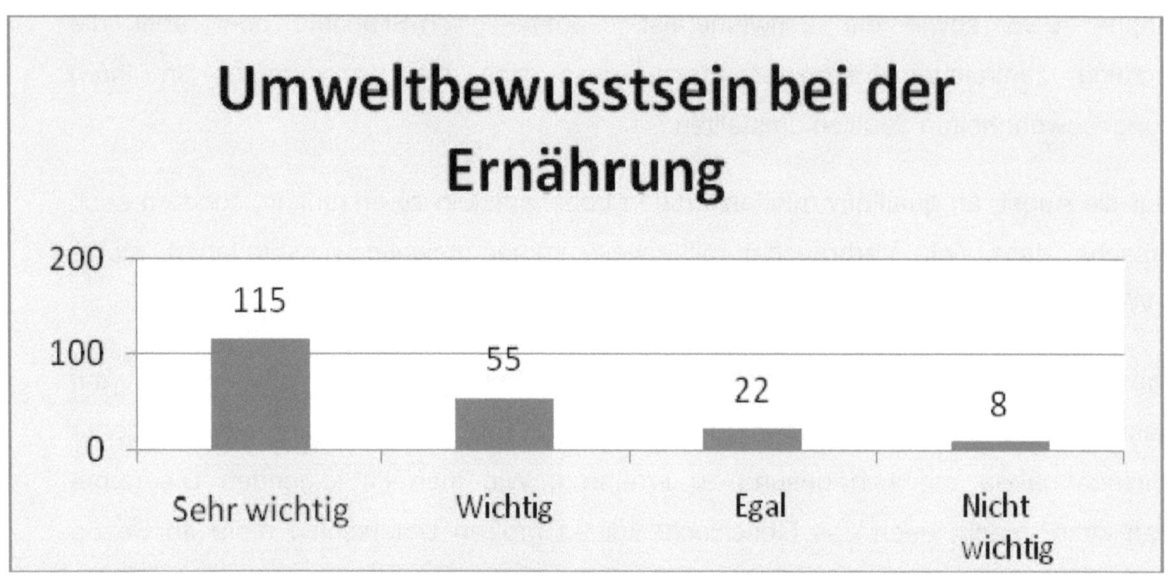

Abb. 2: Umweltbewusstsein bei der Ernährung[3]

Wo es anfangs lediglich um Bio-Eier, Bio-Fleisch oder Bio-Gemüse ging, findet man heute in den Bioregalen der Supermärkte bereits Bio-Pizza oder Bio-Süßigkeiten. Die Bio-Branche boomt.

Anders als vor einigen Jahren noch, ist es heute für den Endverbraucher kein „Luxus" mehr, sich (umwelt)bewusst zu ernähren, denn Bio- und Ökoprodukte werden immer kostengünstiger. Immer mehr Verbraucher entscheiden sich beim Einkauf bewusst für Bio-Produkte, was dazu führte, dass die Bio-Branche in den letzten Jahren einen wahrhaften Boom erlebte. Mittlerweile ist in jedem größeren Supermarkt ein Bio-Regal zu finden und neuerdings führen die ersten Discounter bereits eigene kostengünstige Biomarken (z.B. REWE, Kaufland, Edeka). Die Zeit, dass man Ökoprodukte nur in Reformhäusern erstehen konnte, gehört heute längt der Vergangenheit an.

Auf den folgenden Seiten meiner Hausarbeit möchte ich mich näher mit dem Thema Ökologie in der Fischerei und den neuesten Trends in dieser Branche beschäftigen.

Aufgrund neuester Medienberichte bezüglich der Überfischung zahlreicher Fischbestände, der illegalen Fischerei und der daraus resultierenden katastrophalen, ökologischen Folgen für nachfolgende Generationen, habe ich mich dazu entschieden, neue Trends und Maßnahmen in der Fischerei-Branche zu recherchieren und näher zu erörtern.

---

[3] Quelle: Umfrage; Informationen hierzu im Anhang

Besonders möchte ich auf das Thema „Nachhaltige Fischerei" eingehen, da ich der Auffassung bin, dass dieses Thema auch in Zukunft von besonderer Bedeutung sein wird und deshalb enormer Aufklärungsbedarf bei den Konsumenten besteht.

II. Ökologie in der Fischerei

Auch an der Fischereibranche ist der Wandel zum ernährungsbewussten Konsumenten nicht vorbei gegangen. Ganz besonders nach verschiedenen Medienberichten, die die Konsequenzen über illegale Fischerei (Fisch-Piraterie) und Überfischung zahlreicher Fischbestände darlegten sowie nach Reportagen von krankheitserregenden Bakterien in qualitativ minderwertigen Fisch, ist der Trend des Umwelt- und Qualitätsbewusstseins von Verbrauchern auch in der Fischerei zu Buche geschlagen.

2.1. Erfahrungen der Butjadinger Fischereigenossenschaft

Es wird immer mehr auf gute Qualität geachtet, auch wenn diese gegebenenfalls etwas teurer ist. Die Konsumenten achten immer mehr darauf, wo die Meerestiere herkommen und was mit ihnen gemacht wird in der Zeit zwischen Fang und Verkauf.

So ist es auch bei den Nordseekrabben. Auf Anfrage bei der Butjadinger Fischerei-Genossenschaft in Fedderwardersiel, antwortete Geschäfts-führer Ingo Krüger: „Die Nachfrage nach in unserem Hause von Maschinen gepulten Krabbenfleisch ist im letzten halben Jahr deutlich angestiegen."[4]

Üblicherweise werden Krabben, auch Granat genannt, an Land sofort konserviert und schockgefroren, damit sie per LKW nach Polen und Marokko geschickt werden können. Dort werden sie dann für einen geringen Arbeitslohn von Hand gepult, bevor sie dann in Fischgeschäften und Supermärkten zum Kauf angeboten werden.[5]

Diese Prozedur machen die Granat seit vielen Jahren mit, bevor sie auf dem Tisch zum Verzehr bereit sein können. Aufgrund der Tatsache, dass die Granat schockgefrostet und konserviert werden, bevor sie um die Welt geschickt werden, kann die Frische dieser Meerestiere auch noch gewährleistet werden, wenn sie einige Tage später zum Verkauf stehen.

Trotz alledem ist im Zuge des Wandels im Umweltbewusstsein der Verbraucher diese Frische oft nicht mehr frisch genug: Umsatzzahlen der Butjadinger Fischerei-Genossenschaft

---

[4] Vgl. Quelle: Interview vom 08.04.2008
[5] Vgl. Quelle: http://www.sueddeutsche.de/panorama/artikel/831/28803/;   Letzter Besuch: 21.04.2008

belegen, dass die Nachfrage nach im Hause der Fischereigenossenschaft maschinell entschältem Krabbenfleisch stetig steigt.

Ingo Krüger berichtet weiterhin: „Bis zum letzten Jahr haben wir Krabben lediglich auf speziellen Auftrag von Großkunden maschinengepult, da die Kosten hierfür und damit natürlich auch der Verkaufspreis um ca. 24% höher waren als das in Marokko von Hand gepulte Krabbenfleisch. Diese Preise wollten wir unseren Kunden eigentlich nicht zumuten. Im Herbst 2007 haben wir dann das Experiment gewagt, zusätzlich zu dem handgepulten Krabbenfleisch auch das von uns maschinengepulte Fleisch zu verkaufen. Wir verzeichneten mit diesem „Experiment" einen gewaltigen Erfolg. Zunächst lag die Nachfrage nach maschinengepultem Krabbenfleisch bei ca. 20% und die nach dem handgepultem, günstigeren Krabbenfleisch bei 80%. Doch bereits nach 14 Tagen wandelte sich dieses Verhältnis komplett. Immer mehr Kunden bevorzugten unser frisch entschältes Maschinenfleisch. Mittlerweile haben wir uns den Kundenwünschen angepasst und verkaufen nun durchschnittlich 65% maschinengepultes Fleisch und nur noch durchschnittlich 35% handgepultes Krabbenfleisch. Unseren Kunden ist es sehr wichtig, zu wissen, dass sie gute Qualität kaufen. Dafür wird dann auch gerne etwas mehr Geld bezahlt."[6]

Auch dieses Beispiel zeigt wieder eindeutig die gewandelte Einstellung der Konsumenten. Die „Geiz ist geil"- Einstellung verschwindet immer mehr vom Lebensmittelmarkt. Produkte mit guter Qualität werden dahingegen immer stärker nachgefragt, auch wenn man für diese gegebenenfalls einen höheren Preis zahlen muss.

Ingo Krüger gab preis, dass bei Einführung des maschinell entschälten Krabbenfleisch im Verkaufsbereich der Butjadinger Fischerei-genossenschaft der Verkaufspreis des handgeschälten Krabbenfleisches bei 25 € lag. Der Preis für das maschinell entschälte Fleisch lag bei 31 € und war somit um 24% teurer. Die Akzeptanz und die Nachfrage nach dem maschinell entschälten Krabbenfleisch habe die Geschäftsleitung der Fischereigenossenschaft sehr überrascht[7], bestätigt aber den allgemeinen Wandel in der Lebensmittelwirtschaft.

2.2. Überfischung und illegale Fischerei

Glaubt man Prognosen der UN, so wird die Weltbevölkerung in den nächsten 20 Jahren um ca. 2 Milliarden Menschen anwachsen. Damit würde auch die Nachfrage nach Lebensmitteln und Ressourcen steigen.

---

[6] Quelle: Interview vom 08.04.2008
[7] Quelle: Interview vom 08.04.2008

Berücksichtigt man weiterhin, dass sich viele Entwicklungsländer wirtschaftlich enorm weiterentwickeln und aus diesem Grunde dort ebenfalls der Konsum stetig steigt, so ist es umso wichtiger, dass Ressourcen geschützt werden. Die nachhaltige Nutzung dieser Ressourcen gewinnt aus diesem Grund immer mehr an Bedeutung. [8]

Die Probleme der stetig steigenden Überfischung der Weltmeere sowie der illegalen Fischerei, die ganz besonders in vielen Entwicklungsländern zu finden sind, gefährden die Nachhaltigkeit der Ressourcen in einem erheblichen Maße.

Nach Angaben der „Food and Agriculture Organisation" aus dem März 2005 sind bereits 52% der Fischbestände komplett erschlossen, was bedeutet, dass diese bis an ihre biologische Grenze befischt werden. 24% der Fischbestände sind überfischt, erschöpft oder erholen sich von der Überfischung. 21% des Fischbestandes sind mäßig erschlossen. Nur 3% des weltweiten Fischbestandes sind noch wenig befischt.[9]

Auch die Zahlen, die von der Ernährungs- und Landwirtschaftsorganisation der Vereinten Nationen (FAO) für das Jahr 2006 veröffentlicht wurden, belegen, dass das Fangvolumen für die wichtigsten zehn Fischarten nicht weiter steigen darf, wenn diese Arten nachhaltig erhalten werden sollen. Auch viele andere Fischarten müssen sich erst von der Überfischung und der illegalen Fischerei erholen, damit auch durch nachhaltige Fischerei der aktuelle Bedarf gedeckt werden kann.[10]

Aufgrund dieser Zahlen und Fakten ist es von großer Bedeutung, dass für bestimmte Fischarten, wie z.B. den Kabeljau, klare Fangbeschränkungen erwirkt werden. Nur so kann man gefährdete Fischbestände retten und auch nachhaltig befischen.

Um Probleme dieser Art künftig weltweit bekämpfen zu können, hat sich auf dem Weltmarkt für Fisch und andere Meerestiere ein Erfolgsmodell durchgesetzt: der Marine Stewardship Council, besser bekannt als der MSC.

Auf dieses Erfolgsmodell und was es damit auf sich hat, möchte ich auf den folgenden Seiten meiner Hausarbeit detailliert eingehen.

2.3. Nachhaltige Fischerei

Da Überfischung und illegale Fischerei die Bestände unzähliger Fischarten bereits gewaltig dezimiert und fast zur Ausrottung getrieben haben, ist die nachhaltige Fischerei in diesen Zeiten von enormer Bedeutung. Nur durch nachhaltigen, ökologisch bewussten Fischfang und durch klare Beschränkungen kann es uns gelingen, viele Fischarten vom Aussterben zu

---

[8] Vgl. Quelle: MSC-Jahresbericht, Seite 2
[9] Vgl. Quelle: http://de.msc.org/, „Fisch-Fakten; Letzter Besuch: 18.04.2008
[10] Vgl. Quelle: MSC-Jahresbericht; Seite 3

retten und diese Fischarten auch noch nachfolgenden Generationen verfügbar zu machen.[11] [12]

Unter „Nachhaltiger Fischerei" versteht man Fischfangmethoden, die die Reproduktion der Zielfischarten nicht verringern (Überfischung). Es darf demnach nicht mehr von einer Fischart gefangen werden, als die festgelegten Fischquoten erlauben. So soll gewährleistet werden, dass die Bestände der zahlreichen gefährdeten Fischarten erhalten werden können.

Als besonders gefährdete Fischart gilt beispielsweise der Kabeljau / Dorsch. In der Nordsee hat der Bestand der Kabeljau innerhalb von 40 Jahren 40 um ca. 90% auf nur noch 30.000 – 50.000 Tonnen abgenommen.[13]

Bereits im Oktober 2002 empfahlen Wissenschaftler vom Internationalen Rat für Meeresforschung (ICES), die Kabeljau-Fischerei in der Nordsee, in der Irischen See und vor der Westküste Schottlands ab 2003 zu schließen, da die Kabeljau-Bestände besorgniserregend dezimiert waren. Ebenfalls sollten alle Fischereien, bei denen Kabeljau-Beifang unvermeidlich ist, geschlossen werden. Diese beträfe z.B. die Fischerei auf Schellfisch, Seezunge, Butt und den Wittling.[14] Diese und andere Fakten führen uns die Dringlichkeit einer nachhaltigen Fischerei vor die Augen.

Schließlich ist im nachhaltigen Fischfang auch darauf zu achten, dass die Anzahl ungewollter Beifänge minimiert (z.B. durch andere/ großmaschigere Fischnetze) und das Ökosystem der Fische (z.B. Meeresboden, Wasser) nicht geschädigt wird.[15]

III. Das MSC-Zertifikat

3.1. Was ist der MSC und wer steckt dahinter?

Der Marine Stewardship Council (kurz: MSC) ist eine unabhängige, globale und gemeinnützige Organisation, die „sich zur Aufgabe gemacht, die Situation in den Weltmeeren zu verbessern und zu einem nachhaltigen globalen Fischmarkt beizutragen."[16]

Diese Organisation hat eine Sammlung von international anerkannten Umweltprinzipien entwickelt (MSC-Standard), um Fischereien, die eine nachhaltige Fischerei betreiben,

---

[11] Vgl. Quelle: http://de.msc.org/, MSC; Letzter Besuch: 16.04.2008
[12] Vgl. Quelle: MSC-Jahresbericht; Seiten 4-5; Letzter Besuch: 17.04.2008
[13] Vgl. Quelle: http://wwf-arten.wwf.de/detail.php?id=253; Letzter Besuch: 16.04.2008
[14] Vgl. Quelle: http://www.lighthouse-foundation.org/index.php?id=79;
       Letzter Besuch: 16.04.2008
[15] Vgl. Quelle: http://ec.europa.eu/fisheries/cfp/management_resources/
       conservation_measures/technical_measures_de.htm ;
       Letzter Besuch: 20.04.2008
[16] Quelle: MSC-Jahresbericht; Seite 2; Letzter Besuch: 17.04.2008

angemessen bewerten und somit das Problem der Überfischung zahlreicher Fischbestände lösen zu können.[17]

Gegründet wurde der MSC im Jahr 1997 von dem weltweit agierenden Unternehmen Unilever (größter Käufer von Fisch und Meeresfrüchten weltweit) und dem WWF, der internationalen Umweltschutzorganisation. Seit 1999 agiert der MSC völlig unabhängig, wird jedoch von zahlreichen Organisationen aus der ganzen Welt finanziert. [17]

Verschiedene Medienberichte über die illegale Fischerei, die völlig überfischten Weltmeere bzw. den schwindenden Fischbestand und natürlich auch Berichte über den weltweiten Klimawandel sorgten für ein enormes Medieninteresse am ökologisch bewussten Fischfang und somit auch an der MSC-Organisation. Durch die entwickelten Umweltprinzipien des MSC bekam die Organisation weltweit Gehör und viele Fürsprecher.[18]

Durch diese Entwicklung und den Sinneswandel vieler Konsumenten bezüglich ihrer ökologischen Einstellungen gelang es dem MSC, ein erfolgversprechendes zukunftsträchtiges Modell zu entwickeln, welches die nachhaltige Fischerei fördern soll und gleichzeitig Verbrauchern die Möglichkeit gibt, ökologisch bewusst Fisch zu kaufen – das MSC-Zertifikat.

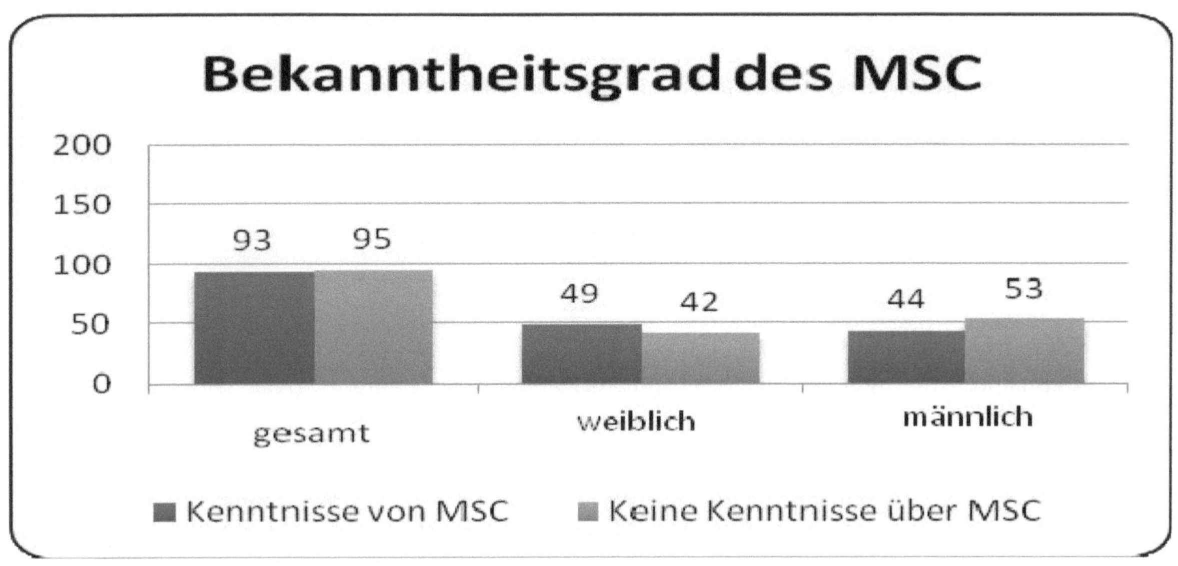

Abb. 3: Bekanntheitsgrad des MSC[19]

Wie man im obigen Diagramm (Abb. 3) erkennen kann, ist das MSC-Zertifikat schon heute sehr bekannt. Von 188 Befragten, die selber Fisch kaufen, kennen bereits 93 das MSC-Zertifikat; das sind fast 50%.

---

[17] Vgl. Quelle: http://de.msc.org/; „MSC"; Letzter Besuch: 16.04.2008
[18] Vgl. Quelle: MSC-Jahresbericht; Seite 18; Letzter Besuch: 17.04.2008
[19] Quelle: Umfrage, nähere Informationen im Anhang

Vor allem durch teilnehmende Händler, die zugleich Werbepartner für den MSC sind und die Wichtigkeit dieser Auszeichnung öffentlich betonen (z.B. IGLO), steigt der Bekanntheitsgrad des MSC-Zertifikats stetig an.

3.2. Der MSC-Standard[20]

Auf zahlreichen Fischereierzeugnissen weltweit findet man bereits heute das MSC-Zertifikat. Viele große fischverarbeitende Unternehmen, wie z.B. IGLO oder Deutsche See, unterstützen das Engagement des MSC, indem sie sich nach MSC-Standard bewerten und sie mit dem MSC-Zertifikat auszeichnen lassen.

Doch aus welchen Kriterien besteht der MSC-Standard und wer bewertet die teilnehmenden Unternehmen? Im Folgenden sind die drei wichtigen Prinzipien des MSC-Standard zusammengetragen:

Prinzip 1:
➢   Der Zustand der Fischbestände

➔   Hier wird ermittelt, ob ausreichend Fisch für eine nachhaltige Fischerei vorhanden ist.

Prinzip 2:
➢   Die Auswirkungen der Fischerei auf die maritime Umwelt

➔   Hier wird untersucht, wie sich das Fischen auf die unmittelbare maritime Umgebung, andere Fischarten, Meeressäugetiere und Seevögel auswirkt

Prinzip 3:
➢   Die Managementsysteme der Fischerei

➔   Hier wird bewertet, ob die implementierten Regeln und Verfahren sowie die Art ihrer Implementierung eine nachhaltige Fischerei und eine minimale Beeinträchtigung der maritimen Umwelt gewähr-leisten.

Der MSC hält eine vorbildliche und nachhaltig geführte Fischerei für sehr bedeutend, um Fische und ihre Umwelt zu schützen. Eine nachhaltige Fischerei zeichnet sich, laut MSC, dadurch aus, dass ihre Fischbestände auf einem gesunden Niveau sind, manchmal haben

---

[20] Vgl. Quelle: http://de.msc.org/; Menüpunkt: „Fischereien"; Letzter Besuch: 17.04.2008

sie sich von einer Erschöpfung in der Vergangenheit erholt. Eine gut gemanagte Fischerei sichert die Zukunft der Industrie und aller, deren Lebensunterhalt von ihr abhängt.

Bewertet werden die in Frage kommenden Fischereibetriebe nicht vom MSC selber, sondern von unabhängigen, vom MSC zur Bewertung von Fischereien autorisierte Organisationen, den sogenannten Zertifizierungsorganisationen.

Um eine Bewertung können sich alle Fischereibetriebe weltweit ungeachtet ihrer Größe bewerben.

3.3. Bedeutung des MSC-Zertifikates

Durch die unzähligen Medienberichte über die ökologischen Ausmaße von Überfischung und illegaler Fischerei setzen sich nun auch immer mehr Konsumenten mit der nachhaltigen Fischerei bzw. einer umweltbewussten Ernährung auseinander.

Das MSC-Siegel ist mittlerweile zu einer international anerkannten Auszeichnung für Fischerzeugnisse guter Qualität aus ökologisch nachhaltiger Fischerei geworden. Es erreicht eine stetig steigende Bekanntheit, auch bei den Endverbrauchern, so dass immer mehr Konsumenten bewusst auf dieses Siegel achten, wenn sie Fischerzeugnisse kaufen.[21]

Aus diesem Grund bewerben sich nun zahlreiche fischverarbeitende Unternehmen um dieses Zertifikat, um weiterhin nachhaltig auf dem Markt bestehen zu können. Viele große, international agierende Unternehmen verfügen bereits über diese Auszeichnung.[22]

Es wird erwartet, dass in Zukunft fast ausschließlich Fischerzeugnisse verkauft werden können, die mit dem MSC-Zertifikat ausgezeichnet sind. So sollen Fischereibetriebe, die der illegalen Fischerei nachgehen oder die internationalen Fangbeschränkungen weiterhin missachten, keine Möglichkeit mehr bekommen, ihre Ware in großen Mengen zu verkaufen.

Im folgenden Abschnitt möchte ich eine Liste von Händlern und deren Produkten vorstellen, die das MSC-Zertifikat bereits besitzen.

3.4. Wo findet man das MSC-Zertifikat – Teilnehmende Händler

Wie bereits erwähnt, ist der Besitz des MSC-Zertifikates für einen Fischereibetrieb oder ein fischverarbeitendes Unternehmen von täglich wachsender Bedeutung. In der im Anhang

---

[21] Vgl. Quelle: http://www.tuev-nord.de/downloads/Lebensmittelzeritfizierungen.pdf; Seite 3
Letzter Besuch: 21.04.2008
[22] Vgl. Quelle: http://www.messe-bremen.de/de/presse/doks/836_fish_08_1_1_ Interview_Howes.pdf; Seite 2; Letzter Besuch: 22.04.2008

beiliegenden Liste sind zahlreiche, deutsche Unternehmen und deren Produkte zu sehen, die diese Auszeichnung bereits heute besitzen.[23]

Wie man an der Listenlänge erkennen kann, ist das MSC-Zertifikat auch auf dem deutschen Markt in vielen Tiefkühlabteilungen von Supermärkten und Discountern bereits heute oft vorzufinden. Für Unternehmen mit einem guten und großen Namen auf dem deutschen Fischmarkt, wie z.B. IGLO, Frosta oder Deutsche See, ist das MSC-Zertifikat bereits unerlässlich. Weitere Listen von zertifizierten Unternehmen aus anderen Ländern sind unter der genannten Quellenangabe (siehe Fußnote) zu finden.[24]

Aber auch kleinere Betriebe haben diesen Trend erkannt und haben sich schon um die begehrte Auszeichnung beworben. So auch beispielsweise die Butjadinger Fischereigenossenschaft, die sich um das MSC-Zertifikat für ihre Nordseekrabben bewirbt.

3.4.1. IGLO – Partner der MSC

Wie man aus der Händlerliste im Anhang ersehen kann, sind viele sehr bekannte deutsche Unternehmen bereits mit dem MSC-Zertifikat ausgezeichnet worden. Damit diese Auszeichnung auch für die Steigerung des Umsatzes nützlich wird, werben diese ausgezeichneten Unternehmen nun mit ihrem MSC-Zertifikat. So auch die Firma IGLO, ebenfalls einschlägig bekannt auf dem internationalen Fischmarkt und ein ausgezeichnetes Unternehmen der MSC.

IGLO hat eine Broschüre („Mmmh…Fischstäbchen") für seine Kunden und Interessenten herausgegeben, die man auf der IGLO-Homepage (www.iglo.de) kostenlos herunterladen kann. In dieser Broschüre sind viele sehr nützliche Informationen zu finden. Neben Details zur Fischstäbchenproduktion und diversen Rezepten wird hier auch leicht verständlich auf die Bedeutung des MSC-Zertifikates eingegangen.

Jedoch nicht nur in dieser Broschüre, sondern auch auf der Iglo-Homepage selbst, findet man nützliche Informationen rund um den Marine Stewardship Council: So heißt es z.B.:

Produkte, die mit dem MSC Zertifikat ausgezeichnet werden, geben Ihnen als Verbraucher Sicherheit.

Das **MSC-Siegel** wird ausschließlich an Betriebe verliehen, die ein **umweltgerechtes Fischereimanagement** eingeführt und sich mit verschiedenen Maßnahmen der **bestandserhaltenden Fischerei** verschrieben haben. Zusätzliche Kontrollen stellen laufend die Einhaltung der MSC-Standards sicher – für umsichtigen und langfristigen Umweltschutz. Achten Sie bei Ihrem nächsten Einkauf einfach auf das blaue Siegel![25]

---

[23] Quelle: „Deutsche Händler mit MSC-Zertifikat" im Anhang
[24] Vgl. Quelle: http://de.msc.org/, „Wo kaufen?", Deutschland; Liste mit Datum im Anhang
[25] Quelle: www.iglo.de; „Das IGLO-Versprechen" → „Fisch und Meer";

Ein nächstes Zitat deutet ebenfalls deutlich auf die Bedeutung des MSC-Zertifikates für die Firma IGLO hin: „Wir bei iglo sind stolz darauf, dass mittlerweile der gesamte Alaska Seelachs für die iglo Fischstäbchen aus bestandserhaltender Fischerei stammt und deshalb mit dem MSC-Zertifikat ausgezeichnet wurde. iglo deckt somit bereits heute 40% seines Fischsortiments mit Rohware aus umweltverträglichem und nachhaltigem Fischfang ab. Und wir arbeiten hart daran, die Quote weiter zu erhöhen!"[25]

Wie man an diesen Zitaten erkennen kann, bemüht sich IGLO sehr, das MSC-Zertifikat zu „vermarkten", um sich, als ausgezeichnetes Unternehmen, am Markt zu profilieren. Dieses Verhalten von IGLO und auch von anderen ausgezeichneten Unternehmen ist auch sehr nützlich für die MSC, denn so kann das Zertifikat international zum Selbstläufer und bekannt sowie erfolgreich werden.

3.4.2. Der Fischereihafen Bremerhaven und die MSC

Auch im Fischereihafen Bremerhaven ist das MSC-Zertifikat schon weit verbreitet. Dort ansässige Unternehmen wie z.B. Frosta, Deutsche See, FrozenFish, Iglo oder die Restaurant- und Einzelhandelskette Nordsee sind bereits zum Teil von der MSC ausgezeichnet worden.

Der Bremerhavener Fischereihafen ist im Jahr 1896 gegründet worden und gilt heute als Deutschlands bedeutendster Fischverarbeitungsstandort und als das mittlerweile im Bereich Fisch und Tiefkühlprodukte europaweit führende Verarbeitungszentrum. Der Fischereihafen verfügt heute sogar über eine eigene, maßgeschneiderte Infrastruktur.[26]

Auf einem Areal von 480 Hektar und einer Wasserfläche von 150 Hektar ist im Fischereihafen Bremerhaven die gesamte Wertschöpfungskette der Fischwirtschaft vertreten. Hier arbeiten rund 8.000 Menschen in insgesamt 355 ansässigen Unternehmen, darunter 4.000 Beschäftigte, die direkt in der Fischwirtschaft vertreten sind.[26]

In der Broschüre der Fischereihafen-Betriebsgesellschaft mbH „Fischereihafen Bremerhaven – Zentrum für Fisch- und Lebensmittel-verarbeitung" kann man ebenfalls über das veränderte Ernährungsverhalten lesen. Die Fischereibetriebe im Bremerhavener Fischereihafen haben registriert, dass sich die Verbraucher „nach gesunder, qualitativ

---

Letzter Besuch: 16.04.2008
[26] Vgl. Quelle: Broschüre „Fischereihafen Bremerhaven – Zentrum für Fisch- und Lebensmittelverarbeitung", Herausgeber: BIS Bremerhaven, Seite 4

hochwertiger und bekömmlicher Ernährung"[27] sehnen und haben sich diesen Wünschen weitgehend angepasst.

Beispielsweise führte die Firma Frosta AG im Jahr 2002 das Reinheitsgebot für ihre Produkte ein und die Deutsche See bietet mittlerweile schon Bio-Fisch aus Aquakultur an. Besonders betont wird, dass alle bedeutenden, im Fischereihafen Bremerhaven ansässigen Unternehmen die Prinzipien des Marine Stewardship Council (MSC) maßgeblich unterstützen und sich für eine bestandserhaltende (nachhaltige) Fischerei einsetzen.[9]

Diese Fakten demonstrieren, dass auch hierzulande / regional das MSC-Zertifikat bereits von steig wachsender Bedeutung ist.

Auf Anfrage bei der Firma Abelmann und der Firma Fiedler, welche sich beide ebenfalls auf dem Areal des Bremerhavener Fischereihafens befinden, wie sie die Einführung des MSC-Zertifikates finden und ob sie sich selbst bereits um dieses Zertifikat beworben haben, bekam ich leider keine Stellungnahme.

IV. Voraussetzungen für das MSC-Zertifikat

Wie bereits anfangs erwähnt, führt die MSC selbst keine Zertifizierungen durch. Hierfür werden unabhängige Dritte hinzu gezogen, die die Betriebsprüfungen bei den Unternehmen durchführen, die sich um die Auszeichnung beworben haben.

Die unabhängigen Dritten müssen von Accreditation Services International (ASI) zur Durchführung dieser Betriebsprüfungen nach MSC-Standard (auch Audits genannt) akkreditiert sein. Nur durch solch strenge Auflagen kann gewährleistet werden, dass die unabhängigen Zertifizierungsstellen ein gutes Verständnis aller Anforderungen des Standards haben.[28]

4.1. Das Produktkettenzertifikat[29]

Um das Produktkettenzertifikat können sich sämtliche fischverarbeitende Unternehmen, Restaurants, Gastronomie-Unternehmen und Fischhändler bewerben. Erhalten können es jedoch nur Betriebe, die nachweisbar Fisch aus zertifizierten Fangbetrieben verwenden.

---

[27] Vgl. Quelle: Broschüre „Fischereihafen Bremerhaven – Zentrum für Fisch- und Lebensmittel-verarbeitung", Herausgeber: BIS Bremerhaven, Seite 11

[28] Vgl. Quelle: http://www.msc.org/assets/docs/MSC%20Sect%201.pdf; Seite 6;   Letzter Besuch: 17.04.2008

[29] Vgl. Quelle: http://www.tuev-nord.de/downloads/PDB_MSC.pdf;
        Letzter Besuch: 20.04.2008

Wenn ein Unternehmen sich um das begehrte MSC-Zertifikat, auch „blaues Siegel" genannt, bewirbt, muss im Vorfeld zunächst ein sogenanntes Voraudit stattfinden. Dies ist notwendig, um gegebenenfalls Schwachstellen aufzudecken. Anschließend erfolgt eine Mitarbeiterschulung über die Grundsätze der MSC bzw. den MSC-Standard. Es muss ein MSC- Beauftragter ausgewählt werden. Sind diese Schritte erfolgt und eventuelle Schwachstellen ausgemerzt, wird der Betrieb von einem unabhängigen Gutachter besucht. Bei diesem „Audit" soll sich der Gutachter vergewissern, ob in diesem Betrieb MSC-Ware (zertifizierte Fischereierzeugnisse aus nachhaltiger Fischerei) getrennt von nicht zertifizierter Ware gehandhabt wird. Der Gutachter führt u.a. Interviews mit den Mitarbeitern. Das Unternehmen muss weiterhin nachweisen können, dass es mit der MSC-Ware auch dann standardgemäß umgeht, wenn kein Gutachter anwesend ist.

Kann das Unternehmen diese Voraussetzungen erfüllen, stellt der Gutachter das Zertifikat aus und das Unternehmen kann anschließend die Verwendung des MSC-Logos beantragen.

Das Zertifikat hat eine Gültigkeit von 3 Jahren. Während dieser Zeit erfolgen jedoch weitere „Zwischenaudits" / Überwachungen, die gewährleisten sollen, dass der Betrieb das MSC-Zertifikat auch weiterhin verdient und nach MSC-Standards handelt.

4.2. Das MSC-Zertifikat für Fischereien

Betriebe, die Fischereierzeugnisse nicht nur verarbeiten und verkaufen, sondern den Fisch selber fangen, werden ebenfalls zertifiziert. Eine ausgezeichnete Fischerei ist die Grundvoraussetzung für eine ausgezeichnete Produktkette und folglich für das Produktkettenzertifikat.

Ausschließlich Fischereibetriebe, die nach den 3 Prinzipien der MSC, dem MSC-Standard (vgl. Abschnitt 3.2.) arbeiten, können das MSC-Zertifikat erwerben.

Da das MSC-Zertifikat in der gesamten Fischereiwirtschaft von immer steigender Bedeutung ist und viele große fischverarbeitende Betriebe bereits ein Produktkettenzertifikat erworben haben, wird es für sämtliche Fischereien schon heute unerlässlich sein, ein MSC-Zertifikat zu besitzen, damit sie ihre Ware auch weiterhin dem internationalen Fischmarkt zur Verfügung stellen können.

V. Ökologisch erfolgreiche Zukunftsaussichten für die MSC

Die Zukunftsaussichten für die MSC bzw. das MSC-Zertifikat sehen sehr gut aus. Die ersten großen Erfolge weltweit sind beschritten. Große, international agierende Unternehmen haben sich bereits mit dem MSC-Zertifikat auszeichnen lassen und übernehmen somit eine Vorbildfunktion für andere Unternehmen der Fischereiwirtschaft.

So zum Beispiel ist der MSC in Nordamerika der „große Durchbruch" gelungen, als sich der Konzern Wal Mart (größte Einzelhandelskette der USA) sich hat auszeichnen lassen. Diese Auszeichnung hatte eine Zertifizierungswelle in ganz Nordamerika nach sich gezogen: Allein im Jahr 2006 haben sich 50 fischverarbeitende Betriebe und ihre gesamte Warenflusskette in Nordamerika zertifizieren lassen.[30]

Bereits heute schätzt das Fischinformationszentrum in Hamburg die Menge des MSC-zertifizierten Fisches in Deutschland auf 10% der Gesamtmenge, weltweit liegt der Satz von MSC-zertifizierten Fisch noch lediglich bei ca. 6%.

Je mehr Betriebe sich weltweit auszeichnen lassen und je bekannter das Zertifikat bei den Verbrauchern wird, desto schwieriger wird es für nicht zertifizierte Unternehmen, ihre Ware am Markt zu verkaufen. Das MSC-Zertifikat wird demnach bereits in naher Zukunft zu einem Selbstläufer und zu einer unerlässlichen Auszeichnung für sämtliche Unternehmen der Fischereiwirtschaft werden.

Auch wenn das MSC-Zertifikat noch ganz am Anfang seiner Entwicklung steht, ist es zu erwarten, dass das es bald nicht mehr aus den Tiefkühltruhen der Supermärkte und Discounter sowie aus Fischläden und Fischtheken wegzudenken sein wird. Immer mehr Verbraucher fordern Nachweise über die Herkunft der gekauften Fischerzeugnisse und bringen die Unternehmen der internationalen Fischereiwirtschaft in die Situation, sich zertifizieren lassen zu müssen.

---

[30] Vgl. Quelle: MSC-Jahresbericht; Seite 8; Letzter Besuch: 17.04.2008

VI. Fazit

Zusammenfassend kann man sicherlich sagen, dass das MSC-Zertifikat in kürzester Zeit bereits große Erfolge verbuchen konnte. Bis zum Jahresende 2007 hatten sich über 26 Unternehmen in 35 Ländern zertifizieren lassen und das „Blaue Siegel" durften schon mehr als 1000 Produkte tragen.[31] Leider lagen mir keine aktuelleren Zahlen für das Jahr 2007 vor.

Das MSC-Zertifikat ist nicht nur so begehrt, weil es für sämtliche Großunternehmen der internationalen Fischereiwirtschaft bereits unerlässlich geworden ist. Nicht zuletzt hat es durchaus viele Vorteile zu bieten:

> Es verleiht den ausgezeichneten Unternehmen deutliche Wettbewerbsvorteile

> Mit dem MSC-Zertifikat können Unternehmen ihr Engagement für nachhaltige Fischerei unter Beweis stellen

> Es verschafft Unternehmen Zugang zu neuen, umweltbewussten Kundengruppen

> Es stellt durch die lückenlose Rückverfolgbarkeit sicher, dass das zertifizierte Produkt aus legalem Fang stammt.[32]

Ich kann unter meine Recherche ein sehr positives Fazit für die ökologisch orientierten Entwicklungen in der Fischereiwirtschaft ziehen. Durch das MSC-Zertifikat kann jeder etwas zur Verbesserung der nachhaltigen Fischerei beitragen.

Das MSC-Zertifikat deutet meines Erachtens auf eine positive ökologische Entwicklung in der internationalen Fischereiwirtschaft hin und ist ein bedeutender Schritt in die richtige Richtung.

---

[31] Vgl. Quelle: http://www.messe-bremen.de/de/presse/doks/836_fish_08_1_1_Interview_Howes.pdf; Seite 2; Letzter Besuch 22.04.2008

[32] Vgl. Quelle: http://www.tuev-nord.de/downloads/Lebensmittelzeritfizierungen.pdf; Seite 3 Letzter Besuch: 21.04.2008

Quellenverzeichnis

1.   http://www.tagesspiegel.de/wirtschaft/Wirtschaft-Interview-Thomas-Dosch;art115,1876494

2.   Selbst durchgeführte Umfrage; Informationen hierzu im Anhang

3.   Selbst geführtes Interview mit Herrn Krüger von der Butjadinger Fischereigenossenschaft

4.   http://www.sueddeutsche.de/panorama/artikel/831/28803/

5.   MSC-Jahresbericht; Download unter:
http://de.msc.org/assets/docs/MSC_AR_06-07_German.pdf

6.   http://de.msc.org/

7.   http://wwf-arten.wwf.de/detail.php?id=253

8.   http://www.lighthouse-foundation.org/index.php?id=79

9.   http://ec.europa.eu/fisheries/cfp/management_resources/conversation_measures/technical_measures_de.htm

10.   http://www.tuev-nord.de/downloads/Lebensmittelzertifizierungen.pdf

11.   http://www.messe-bremen.de/de/presse/doks/836_fish_08_1_1_Interview_Howes.pdf.

12.   Liste „Deutsche Händler mit MSC-Zertifikat";
Download unter: http://de.msc.org/, "Wo kaufen??", Deutschland

13.   http://www.iglo.de; „Das IGLO-Versprechen" → „Fisch & Meer"

14.   Broschüre „Fischereihafen Bremerhaven – Zentrum für Fisch- und Lebensmittelverarbeitung", Herausgeber: BIS Bremerhaven

15.   http://www.msc.org/assets/docs/MSC%20Sect%201.pdf

16.   http://www.tuev-nord.de/downloads/PDB_MSC.pdf

Anhang

Erläuterungen zur Umfrage

Die Umfrage fand zwischen dem 12. und dem 15.04.2008 statt. Absichtlich habe ich Menschen in unterschiedlichen Städten befragt, damit ich ein möglichst repräsentatives Ergebnis bekomme:

Am 12.04.2008 befragte ich Leute in der Nordenhamer Fußgängerzone. Am 13.04.2008 habe ich Menschen in Burhave und Fedderwardersiel (Butjadingen) befragt. Am 14.04.2008 verteilte ich meine Fragebögen im Columbus-Center Bremerhaven und am letzten Tag, dem 15.04.2008 fuhr ich nach Brake zum Famila-Center und beendete dort meine Umfrage.

Damit mein Ergebnis repräsentativ ist, habe ich von exakt 200 Befragten 100 Männer und 100 Frauen befragt. Diese habe ich wiederum in 5 unterschiedliche Altersklassen unterteilt, so dass ich je Altersklasse und je Geschlecht 40 Personen befragte. Die Auswertung erfolgte schließlich in einer Excel-Tabelle, die dieser Hausarbeit ebenfalls beigefügt ist. Außerdem habe ich mir die Ergebnisse zunutze gemacht, indem ich anhand dieser Diagramme erstellt habe (ebenfalls dieser Hausarbeit angefügt).

Fragebogen

1. **Achten Sie auf gesunde Ernährung?**

0 Ja   0 Nein

2. **Wie wichtig ist Ihnen die Umwelt bei Ihrer Ernährung (z.B. Überfischung, Käfighaltung bei Hühnern,…)?**

0 Sehr wichtig   0 Wichtig   0 Egal   0 Gar nicht wichtig

3. **Wo kaufen Sie üblicherweise Fischerzeugnisse (Wenn „Gar nicht", weiter bei 9.)**

0 Direkt vom Kutter   0 Im Fischgeschäft   0 Auf dem Wochenmarkt
0 Im Supermarkt   0 Gar nicht

4. **Wie wichtig ist Ihnen die Qualität und die Herkunft von Fischerzeugnissen**

0 Sehr wichtig   0 Wichtig   0 Egal   0 Gar nicht wichtig

5. **Was ist Ihnen wichtiger beim Kauf von Fischerzeugnissen?**

0 Qualität   0 Preis

6. **Haben Sie schon von dem MSC-Zertifikat gehört? (Wenn nein, weiter bei 9.)**

0 Ja   0 Nein

7. **Kennen Sie die Bedeutung des MSC-Zertifikats?**

0 Ja   0 Nein

8. **Achten Sie beim Kauf von Fischerzeugnissen auf das MSC-Zertifikat?**

0 Ja   0 Nein

9. **Wie wichtig finden Sie die Auszeichnung von Fischereierzeugnissen?**

0 Sehr wichtig   0 Wichtig   0 Egal   0 Gar nicht wichtig

10. **Geschlecht**

0 männlich   0 weiblich

11. **Alter**

0 16 – 25   0 26 – 35   0 36 – 45   0 46 – 55   0 > 50

Umfrageergebnisse

200 Befragte (40 je Altersgruppe / 20 männlich, 20 weiblich):

<u>16 - 25</u>   <u>weiblich</u>

1	A	14	B	6						
2	A	8	B	6	C	4	D	2		
3	A	2	B	4	C	3	D	5	E	6
4	A	8	B	4	C	2	D	0		
5	A	9	B	5						
6	A	8	B	6						
7	A	6	B	2						
8	A	6	B	2						
9	A	10	B	7	C	2	D	1		

<u>16 - 25</u>   <u>männlich</u>

1	A	7	B	13						
2	A	5	B	8	C	5	D	2		
3	A	6	B	5	C	2	D	5	E	2
4	A	10	B	6	C	2	D	0		
5	A	10	B	8						
6	A	5	B	13						
7	A	4	B	1						
8	A	3	B	2						
9	A	11	B	8	C	1	D	0		

<u>26 - 35</u>   <u>weiblich</u>

1	A	16	B	4						
2	A	17	B	2	C	1	D	0		
3	A	3	B	7	C	3	D	5	E	2
4	A	12	B	4	C	2	D	0		
5	A	15	B	3						
6	A	12	B	6						
7	A	9	B	3						
8	A	9	B	3						
9	A	12	B	5	C	3	D	0		

<u>26 - 35</u>   männlich

1	A	12	B	8						
2	A	9	B	7	C	3	D	1		
3	A	6	B	4	C	3	D	6	E	1
4	A	13	B	5	C	1	D	0		
5	A	14	B	5						
6	A	10	B	9						
7	A	8	B	2						
8	A	6	B	4						
9	A	12	B	6	C	2	D	0		

<u>36 - 45</u>   weiblich

1	A	15	B	5						
2	A	13	B	5	C	1	D	1		
3	A	3	B	6	C	6	D	4	E	1
4	A	14	B	3	C	2	D	0		
5	A	16	B	3						
6	A	11	B	8						
7	A	9	B	2						
8	A	8	B	3						
9	A	14	B	5	C	1	D	0		

<u>36 - 45</u>   männlich

1	A	13	B	7						
2	A	9	B	8	C	2	D	1		
3	A	5	B	6	C	4	D	5	E	0
4	A	13	B	6	C	1	D	0		
5	A	15	B	5						
6	A	13	B	7						
7	A	12	B	1						
8	A	10	B	3						
9	A	14	B	3	C	3	D	0		

<u>46 - 55</u>   weiblich

| 1 | A | 17 | B | 3 | | | | | | |

2	A	14	B	5	C	1	D	0		
3	A	5	B	7	C	6	D	2	E	0
4	A	16	B	3	C	1	D	0		
5	A	17	B	3						
6	A	11	B	9						
7	A	9	B	2						
8	A	9	B	2						
9	A	16	B	3	C	1	D	0		

<u>46 - 55</u>   <u>männlich</u>

1	A	15	B	5						
2	A	13	B	5	C	1	D	1		
3	A	4	B	8	C	4	D	4	E	0
4	A	15	B	4	C	1	D	0		
5	A	16	B	4						
6	A	8	B	12						
7	A	7	B	1						
8	A	5	B	3						
9	A	14	B	4	C	2	D	0		

<u>> 55</u>   <u>weiblich</u>

1	A	18	B	2						
2	A	14	B	4	C	2	D	0		
3	A	3	B	7	C	8	D	2	E	0
4	A	17	B	3	C	0	D	0		
5	A	18	B	2						
6	A	7	B	13						
7	A	7	B	0						
8	A	6	B	1						
9	A	17	B	3	C	0	D	0		

<u>> 55</u>   <u>männlich</u>

1	A	14	B	6						
2	A	13	B	5	C	2	D	0		
3	A	4	B	6	C	8	D	2	E	0
4	A	15	B	4	C	1	D	0		
5	A	17	B	3						
6	A	8	B	12						
7	A	6	B	2						
8	A	5	B	3						
9	A	15	B	3	C	1	D	1		

<u>gesamt</u>

1	A	141	B	59						
2	A	115	B	55	C	22	D	8		
3	A	41	B	60	C	47	D	40	E	12
4	A	133	B	42	C	13	D	0		
5	A	147	B	41						
6	A	93	B	95						
7	A	77	B	16						
8	A	67	B	26						
9	A	135	B	47	C	16	D	2		

<u>gesamt</u>   <u>weiblich</u>

1	A	80	B	20						
2	A	66	B	22	C	9	D	3		
3	A	16	B	31	C	26	D	18	E	9
4	A	67	B	17	C	7	D	0		
5	A	75	B	16						
6	A	49	B	42						
7	A	40	B	9						
8	A	38	B	11						
9	A	69	B	23	C	7	D	1		

<u>gesamt</u>   <u>männlich</u>

1	A	61	B	39						
2	A	49	B	33	C	13	D	5		
3	A	25	B	29	C	21	D	22	E	3
4	A	66	B	25	C	6	D	0		
5	A	72	B	25						
6	A	44	B	53						
7	A	37	B	7						
8	A	29	B	15						
9	A	66	B	24	C	9	D	1